W0404712

Ingrid Moras

Freundschafts-bänder

Neue Bänder mit Püppchen und Tieren

CHRISTOPHORUS
BRUNNEN-REIHE

Seit mehr als 30 Jahren steht der Name „Christophorus“ für kreatives und künstlerisches Gestalten in Freizeit und Beruf. Genauso wie dieser Band der Brunnen-Reihe ist jedes Christophorus-Buch mit viel Sorgfalt erarbeitet: Damit Sie Spass und Erfolg beim Gestalten haben – und Freude an schönen Ergebnissen.

ISBN 3-419-55929-1

2. Auflage 1998

Styling und Fotos: Roland Krieg, Waldkirch
Textredaktion: Dr. Ute Drechsler-Dietz
Zeichnungen: Ingrid Moras
Zeichnungen der Knoten S. 8:
Uwe Stohrer, Freiburg
Umschlaggestaltung: Network!, München
Produktion: Print Production, Umkirch
Druck: Freiburger Graphische Betriebe, 1998

Christophorus
Bücher mit Ideen

Inhalt

Boten der Freundschaft

Geknüpfte Freundschaftsbänder erfreuen sich großer Beliebtheit unter guten Freunden, denn sie sollen dem anderen sagen: „Ich bin mit Dir verbunden.“ Und die kleinen geknüpften Anhänger sind als Geschenke für die besten Freunde etwas ganz Besonderes, wenn sie dem anderen persönliche Botschaften übermitteln: Ein „Sorgenpüppchen“, ob mit farbenprächtiger Punk-Frisur oder mit Kapuze, soll die Sorgen der Freunde vertreiben, beim „Püppchen mit Herz“ erübrigt sich ein Kommentar, der „Frosch“ kann mit der Aufforderung „Sei kein Frosch!“ über kritische Situationen hinweghelfen, die „Glückskäfer“ tragen vielleicht dazu bei, in der nächsten Klassenarbeit nicht den Mut zu verlieren. Aber auch als kleine Geschenke ohne speziellen Wunsch sind die geknüpften Figuren immer willkommen. Ein Clown, Seehund, Pinguin oder Panda als Anhänger über Knöpfen, am Schlüsselbund, an Schreibmäppchen und Taschen oder auf einem Freundschaftsband bildet immer einen reizvollen Blickfang, der Tausendfüßler eignet sich gut als Lesezeichen. Mit ihm verbinde ich auch meinen eigenen Wunsch an alle Knüpf-Fans:
Ich halte Euch alle „tausend“ Daumen, daß gelingt, was Ihr anpackt!

Ingrid Moras

Das Material und die Knoten

Das Knüpfmaterial

Für die Beispiele in diesem Buch wurde Perlgarn Nr. 5 von Coats Mez verwendet. Die angegebenen Farbnummern entsprechen diesem Garn. Gut zum Knüpfen und Wickeln eignen sich auch Sticktwist oder andere Baumwollgarne in vergleichbarer Stärke.
Für die Püppchen benötigt man Holzperlen mit einem Durchmesser von 8 oder 10 mm. Schon beim Kauf der Perlen ist darauf zu achten, daß die Bohrung einen Durchmesser von mindestens 2 bis 2,5 mm aufweist.

Die Vorbereitung der Knüpffäden

Die Knüpffäden müssen bei jedem Band oder Anhänger in einer bestimmten Reihenfolge geordnet werden. Die dicken, senkrechten Striche über dem Knüpfplan zeigen die Anzahl der Fäden, darüber stehen die Farbangaben in der erforderlichen Reihenfolge.

Der Knüpfbeginn

Bei manchen Bändern beginnt man in der Mitte des Fadenbündels zu knüpfen. Dazu die Fäden in der Mitte mit Klebeband (z.B. tesa-Malerband) an der Tischkante festkleben. Das Klebeband gut andrücken. Nach dem Knüpfen der ersten Hälfte das Band um 180 Grad wenden und den zweiten Teil knüpfen. Wenn eine Seite des Bandes mit einer Schlaufe abschließen soll, die Fäden in der Mitte fixieren. Mit einem Faden etwa 15mal hintereinander über alle anderen, zusammengefaßten Fäden eine Schlinge nach rechts legen. Das umknotete Stück rund biegen, an der Tischkante festkleben, mit einem Faden über alle Fäden eine Schlinge legen und so die beiden Fadenbündel zusammenbinden. Nach dem Ordnen der Fäden mit dem Knüpfen beginnen.

Bei anderen Bändern ist der Knüpfbeginn am Rand des Fadenbündels. Die Fäden ca. 10 bis 12 cm (= Überstand für den Abschluß des Bandes) von einem Ende entfernt ordnen und fixieren.

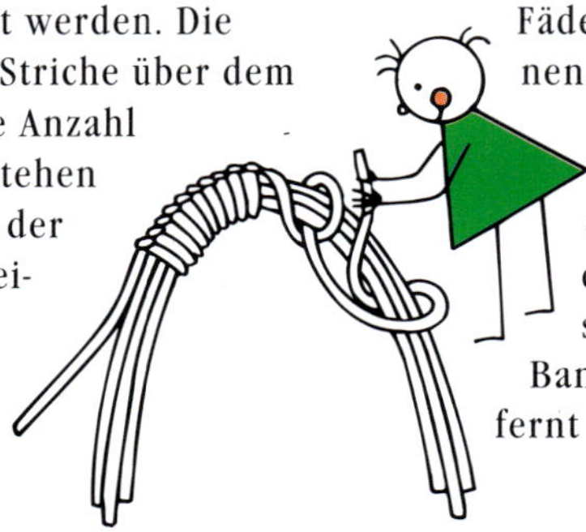

Der Abschluß der Bändchen

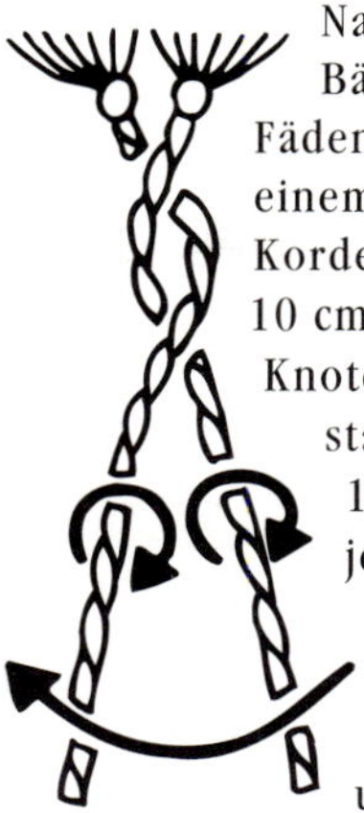

Nach dem Knüpfen eines Bändchens entweder die Fäden auf beiden Seiten zu einem Zopf flechten oder zu Kordeln verdrehen. Nach etwa 10 cm mit allen Fäden einen Knoten legen und den Überstand der Fäden nach ca. 1 cm abschneiden. Für jede Kordel die Fäden in zwei Stränge teilen. Jeden Faden getrennt nach rechts eindrehen und dann beide miteinander verdrehen, dabei immer den rechten Strang über den linken legen.

Das Fertigen einer Wrap-Kette

Einen 30 cm langen Faden als Schlaufe am Tisch festkleben und die Fäden für das Wrap-Band bis zur Mitte hindurchziehen. Einen Faden auswählen, zwischen Daumen und Zeigefinger durchlaufen lassen, während der Fadenstrang mit der anderen Hand nach links gedreht wird. Den Wickelfaden immer wieder wechseln oder auch zwei verschiedenfarbige Fäden parallel wickeln. Den Wickelfaden mit einer Schlinge um alle Fäden ablegen, die Schlaufe zwischendurch ausdrehen lassen.

Die Knoten

Für jeden an der Oberseite des Bändchens sichtbaren Knoten jeweils zwei Schlingen legen: Einen Faden (= Ziehfaden) spannen, d.h. nach unten ziehen, mit dem anderen (= Knüpffaden) eine Schlinge um den Ziehfaden legen und nach oben ziehen. Die zweite Schlinge mit demselben Knüpffaden ebenfalls nach oben ziehen. Vor jedem neuen Knoten den Knüpffaden leicht nach unten ziehen, dann nehmen die beiden Fäden ihre Position deutlich ein. Je nach Art des Knotens vertauschen die Fäden ihre Stellung oder kommen in die Ausgangsstellung zurück. Es gibt insgesamt vier verschiedene Knoten, von denen jeder ein eigenes Knotensymbol hat (s. Seite 8), und zwei verschiedene Arten, die Muster zu knüpfen (s. Seiten 6 und 7).

Die Autorin dankt der Firma Coats Mez GmbH, die freundlicherweise das Material für dieses Buch zur Verfügung gestellt hat.

So wird's gemacht

Anmerkung: Schere und Klebeband werden bei jedem der vorgestellten Beispiele benötigt, sie sind daher nicht jedesmal eigens erwähnt.

Das Grundmuster

Das Knüpfen einer Reihe
Die Knoten von links nach rechts knüpfen. Es entstehen Reihen, die schräg von links oben nach rechts unten verlaufen. Im Knüpfplan steht das Symbol für den ersten Knoten jeder vollständigen Reihe in senkrechter Linie unter dem zweiten Faden (= zweiter dicker Strich). Dieser Knoten wird mit dem ersten und zweiten Faden geknüpft (s. gepunktete Linie). Die Symbole für den zweiten Knoten einer jeden Reihe stehen in senkrechter Linie unter dem dritten Faden und werden jeweils mit dem zweiten und dritten Faden gelegt usw. Eine gerade Zeile im Knüpfplan entspricht einer schräg geknüpften Reihe im Band. Der Pfeil über jeder Zeile des Knüpfplans soll an die Knüpfrichtung erinnern.
Tip: Um den Überblick nicht zu verlieren, am besten mit einem Farbstift die senkrechten Linien (= Verlängerung des 2., des 3. usw. dicken Striches) einzeichnen.

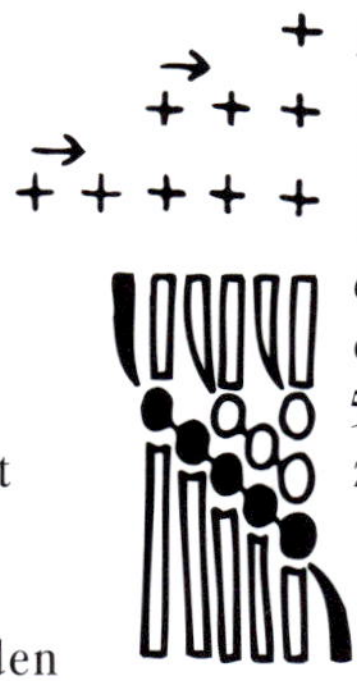

Ein gerader Anfang des Bandes
Zunächst verkürzte Reihen im Grundmuster, also immer von links nach rechts, knüpfen. Für die erste schräge Reihe nur einen Knoten mit dem 5. und 6. Faden knüpfen. Die zweite schräge Reihe aus drei Knoten mit den letzten vier Fäden von links nach rechts knüpfen. Die dritte Reihe ist vollständig (5 Knoten).

Das Pfeilspitzen-Muster

Die Aufteilung der Fäden
Die stets gerade Anzahl der Fäden in zwei Hälften teilen, die Knoten jeweils von links und

rechts zur Mitte knüpfen. Zuletzt die beiden mittleren Fäden zur Pfeilspitze verknoten (Symbol im Knüpfplan: eine nach unten gerichtete Pfeilspitze unter dem Knotensymbol).

Die linke Hälfte
Alle Symbole für die ersten Knoten einer jeden linken Reihe der Pfeilspitze stehen in senkrechter Linie unter dem zweiten Faden von links (= zweiter dicker Strich) und werden mit dem ersten und zweiten Faden gelegt, alle Symbole für die zweiten Knoten stehen unter dem dritten Faden von links und werden mit dem zweiten und dritten Faden geknüpft usw.

Die rechte Hälfte
Dann die rechte Hälfte arbeiten:
Alle Symbole für die ersten Knoten auf der rechten Seite stehen unter dem zweiten Faden von rechts und werden mit dem ersten und zweiten Faden von rechts geknüpft, alle Symbole für den zweiten Knoten auf der rechten Seite stehen unter dem dritten Faden von rechts und müssen mit dem zweiten und dritten Faden von rechts gelegt werden usw.

Die Pfeilspitze
Zuletzt die beiden mittleren Fäden zur Pfeilspitze verknoten (Symbol: nach unten gerichtete Pfeilspitze unter dem Knotensymbol).

Die Knüpfrichtung
Die Pfeile über jeder Knüpfzeile verdeutlichen die Knüpfrichtung: Zeigen sie von außen nach innen, immer vom rechten und linken Rand zur Mitte knüpfen. Die Reihen verlaufen jeweils zur Mitte hin schräg abwärts. Gelegentlich wird auch von innen nach außen geknüpft, bei vollständigen Pfeilspitzen beginnt man dann mit dem Knüpfen des Mittelknotens (= Spitze). In diesem Fall stehen die Pfeile links und rechts über dem Knotensymbol für den Mittelknoten und sind nach außen gerichtet; die so geknüpften Reihen verlaufen jeweils zum Rand hin abwärts.

Ein gerader Anfang des Bandes
Zunächst verkürzte Pfeilspitzen herstellen: Zuerst nur den Mittelknoten knüpfen, dann eine verkürzte Pfeilspitze mit dem dritten, vierten und fünften Faden von rechts und links und zuletzt die vollständige Pfeilspitze mit allen Fäden.

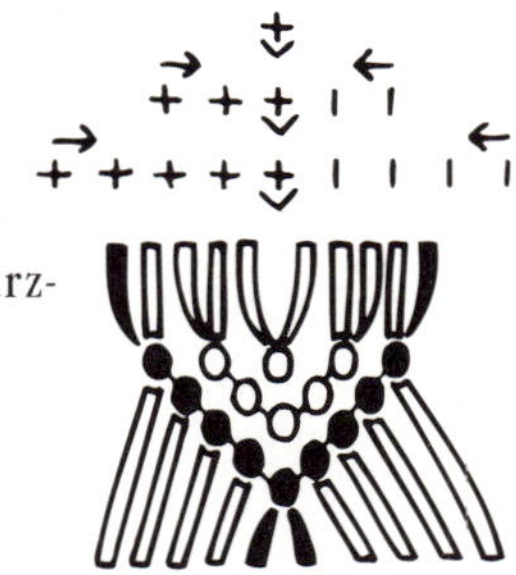

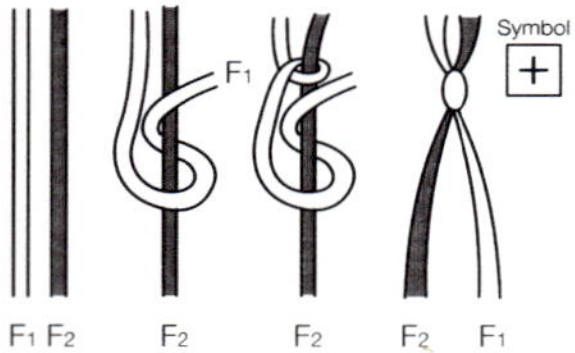

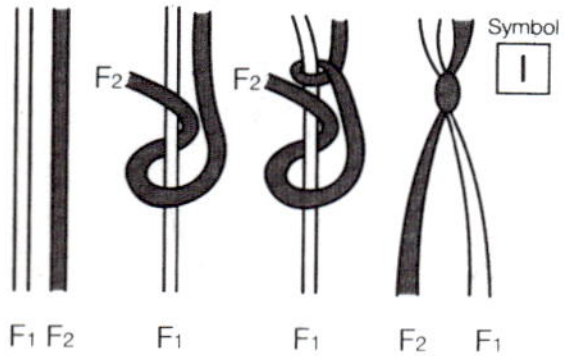

Rechtsgeknüpfte Knoten
(Symbol: Kreuz)

1. Den rechten Faden F2 (= Ziehfaden) straff nach unten ziehen.
2. Mit dem linken Faden F1 (= Knüpffaden) eine Schlinge nach rechts über den Ziehfaden F2 legen und zu einem Knoten fest nach oben ziehen.
3. Erneut mit F1 über den Ziehfaden F2 eine Schlinge nach rechts legen und diese zu einem Knoten nach oben ziehen.
4. Der Knoten hat die Farbe des Knüpffadens F1. Die Position der Fäden hat gewechselt: F1 liegt nun rechts.

Rechts-linksgeknüpfte Knoten
(Symbol: Punkt)

1. Den rechten Faden F2 straff nach unten ziehen (= Ziehfaden).
2. Mit dem linken Faden F1 (= Knüpffaden) eine Schlinge nach rechts über den Ziehfaden F2 legen und zu einem Knoten fest nach oben ziehen.
3. Mit dem jetzt rechts liegenden Knüpffaden F1 eine Schlinge nach links über den Ziehfaden F2 legen und diese zu einem Knoten nach oben ziehen.
4. Der Knoten hat die Farbe des Knüpffadens F1. Die Position der Fäden entspricht der Ausgangsstellung.

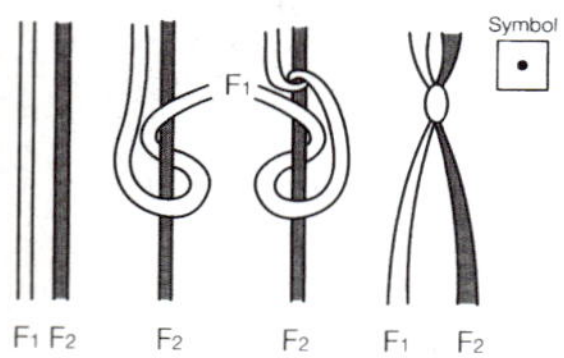

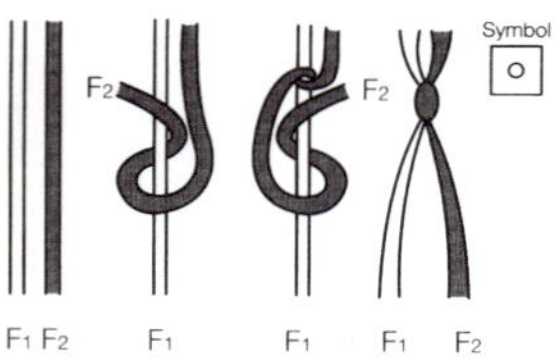

Linksgeknüpfte Knoten
(Symbol: senkrechter Strich)

1. Den linken Faden F1 straff nach unten ziehen (= Ziehfaden).
2. Mit dem rechten Faden F2 (= Knüpffaden) eine Schlinge nach links über den Ziehfaden F1 legen und zu einem Knoten fest nach oben ziehen.
3. Erneut mit F2 über den Ziehfaden F1 eine Schlinge nach links legen und zu einem Knoten nach oben ziehen.
4. Der Knoten hat die Farbe des Knüpffadens F2. Die Position der Fäden hat gewechselt: F2 liegt nun links.

Links-rechtsgeknüpfte Knoten
(Symbol: Kreis)

1. Den linken Faden F1 (= Ziehfaden) straff nach unten ziehen.
2. Mit dem rechten Faden F2 (= Knüpffaden) eine Schlinge nach links über den Ziehfaden F1 legen und zu einem Knoten fest nach oben ziehen.
3. Mit dem jetzt links liegenden Knüpffaden F2 eine Schlinge nach rechts über den Ziehfaden F1 legen und diese zu einem Knoten nach oben ziehen.
4. Der Knoten hat die Farbe des Knüpffadens F2. Die Position der Fäden entspricht der Ausgangsstellung.

Die Anhängerpüppchen

Für einen Anhänger z.B. sechs Fäden in der Mitte zu Schlaufen biegen, zu einem festen Strang verdrehen und unter Drehbewegungen durch die Perlenbohrung schieben. Die Schlaufen ca. 3 bis 8 cm weit herausziehen und mit Klebeband fixieren. Unter dem Kopf knüpfen. Eine Schlaufe stehenlassen, die anderen bis auf ca. 5 mm über dem Kopf kürzen und mit einer Nadel auffächern. Um die Haarpracht zu vergrößern oder die Perle noch fester zu ziehen, zwei bis drei kurze Fäden um die Schlaufen knoten und die Knoten in die Perle ziehen bzw. stopfen. Will man viele Einzelfäden durch die Bohrung ziehen, die Fäden mit Klebstoff bestreichen, zwischen den Fingern dünn ausrollen, trocknen lassen und dann durchschieben.

Wichtig: Zum Knüpfen der Arme den Körper immer quer fixieren, dann mit allen Fäden unter dem geknüpften Teil eine Schlinge legen und festziehen.

Besonderheiten im Knüpfplan

Ⓐ Mit einem Bogen verbundene Striche bedeuten: Ein Faden wird z.B. am Körper eines Tieres eingehängt. Die runde Klammer zeigt: Mit den beiden Hälften des Fadens wird ein Knoten gelegt.

Ⓐ

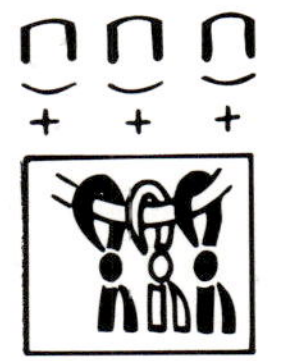

Ⓑ Der Kreis mit dem P zeigt an: Hier eine Perle aufschieben. Statt des dritten Knotens eine Perle auf den vierten Faden aufschieben. Anschließend den nächsten Knoten wie üblich mit dem vierten (= Faden der Perle) und fünften Faden knüpfen.

Ⓑ

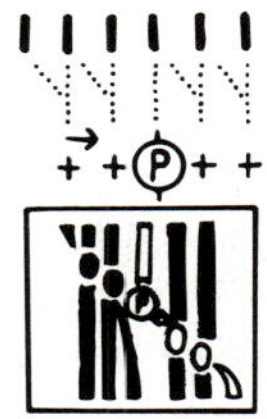

Ⓒ Die geschweifte Klammer bedeutet: Diese Fäden werden zu einem Ziehfaden zusammengefaßt. Mit dem ersten Faden von links und rechts (Pfeilspitzen-Muster) jeweils über die drei zusammengefaßten Fäden einen Knoten legen.

Ⓒ

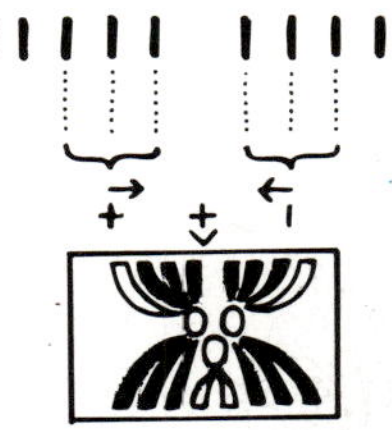

Ⓓ Unvollständige Pfeilspitzen: Von links und rechts nur je zwei Knoten zur Mitte legen.

Ⓓ

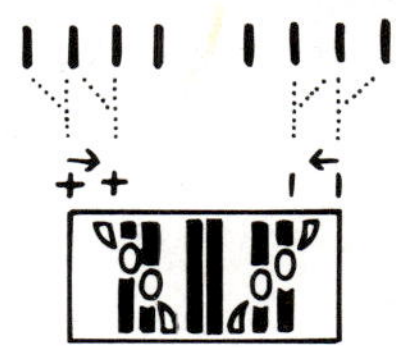

Material

Band „Verbunden“:

- **Perlgarn Nr. 5 in Violett 101, Blau 410, Rot 47, Grün 229, Gelb 290, Orange 332, Schwarz 403**
- **je 1 Holzperle in Rot, Blau (8 mm ∅)**

Regenbogenband:

- **Perlgarn wie oben, ohne Schwarz**

Anhänger:

- **Perlgarn Nr. 5 in Schwarz 403, Dunkelblau 134, Hellblau 433**
- **Holzperle in Blau (8 mm ∅)**

Lesezeichen:

- **Perlgarn Nr. 5 in Dunkelblau 134, Grün 228, Gelb 290, Hellblau 433**
- **Holzperle in Gelb (8 mm ∅)**

Für die Gesichter:

- **Decorlack in Schwarz, Weiß**

Vorlagen

A, B, C, D

Für gute Freunde

Freundschaftsband „Verbunden“

❶ Zwei violette, zwei blaue und zwei grüne, 1 m lange Fäden bis zur Mitte durch die blaue Perle, zwei gelbe, zwei orangefarbene und zwei rote bis zur Mitte durch die rote Perle ziehen. Über der Perle je drei kurze schwarze Fäden als Haare anknoten, die Knoten in die Perle stopfen. Die „verbundene“ Hälfte des Bandes nach Knüpfplan (Pfeilspitze) arbeiten, mit zwei Kordeln abschließen.

❷ Das Band um 180 Grad drehen und die zwei dünnen Bänder der anderen Hälfte nach dem Küpfplan (Grundmuster) fertigen; mit je einer Kordel abschließen. Augen und Nasen mit Decorlack aufmalen, die Haare auffächern.

Regenbogenband

Die 12 Fäden (Länge: 1 m, Farbanzahl und -anordnung s. Vorlage) in der Mitte fixieren. Die Hälfte des Bandes nach dem Knüpfplan (Pfeilspitze) fertigen, das Band um 180 Grad drehen und die zweite Hälfte nach Plan erstellen. Mit je zwei Kordeln abschließen.

Tausendfüßler als Anhänger

❶ Zwei schwarze und einen dunkelblauen Faden (Länge: 60 cm) zur Schlaufe legen und durch die Perle schieben. Einen schwarzen Faden viermal durch die Schlaufe führen (= Haare und Aufhänger), die Schlaufe in die Perle ziehen. Den Körper nach Vorlage (Pfeilspitze) knüpfen, darunter mit allen Fäden eine Schlinge legen.

❷ Auf jeder Seite des Körpers sechs kurze, hellblaue Fäden einhängen, je einen rechtsgeknüpften Knoten knüpfen, mit beiden Fäden je eine Schlinge legen und festziehen. Augen und Nase mit Decorlack malen. Haare bis auf eine Schlinge kürzen und auffächern.

Tausendfüßler als Lesezeichen

Mit drei 90 cm langen Fäden (Dunkelblau, Grün, Gelb) eine Schlaufe legen und durch die Bohrung einer Perle schieben. Durch die Schlaufen acht kurze, dunkelblaue Fäden als Haare führen, dann die Schlaufen in den Kopf ziehen. Den Körper nach Plan arbeiten und die hellblauen Füße anknüpfen, wie oben beschrieben. Gesicht aufmalen, Haare kürzen und auffächern.

Kapuzenpüppchen mit Band

Material

Für das Band:
- **Perlgarn Nr. 5 in Schwarz 403, Blau 132, Blaugrün 189, Smaragd 187, Kupfer 339, Gold 307, Gelb 290**

Für ein Püppchen:
- **Perlgarn wie oben**
- **Holzperle in Hellbraun (8 mm ∅)**
- **Decorlack in Schwarz, Weiß**

Vorlagen
E, F

Anmerkung: Die im Text erwähnten Skizzen befinden sich auf dem Vorlagenbogen.

Freundschaftsband

Sechs 1,80 m lange Fäden (Blau, Blaugrün, Smaragd, Kupfer, Gold, Gelb) und einen 2,40 m langen Faden (Schwarz) in der Mitte fixieren und mit dem schwarzen Faden 18 Schlingen nach rechts über alle Fäden legen. Das umknotete Stück als Schlaufe festkleben und mit Schwarz eine Schlinge über alle Fäden legen. Das Band nach der Vorlage (Pfeilspitze) knüpfen und mit zwei Kordeln abschließen.

Kapuzenpüppchen

❶ Von jeder Farbe einen 80 cm langen Faden in der Mitte fixieren und die Kapuze nach Plan (Grundmuster) knüpfen. Mit einem ca. 30 cm langen, blauen Faden das geknüpfte Rechteck an der blauen Seite zusammennähen (s. Skizze 1). Mit den gleich langen Endstücken vier rechtsgeknüpfte Knoten knüpfen, mit beiden Fäden eine Schlinge legen und festziehen.

❷ In der Mitte der gelben Seite einen 80 cm langen, blauen Faden durch den Rand ziehen. Die Enden durch die Perle führen (s. Skizze 2). Mit einem blauen Faden zwei Schlingen über alle Fäden legen und diese dicht an den Kopf anschließen (s. Skizze 3).

❸ Fäden ordnen und drei Zeilen nach Plan (Pfeilspitze) knüpfen. Bei den nächsten zwei Knüpfzeilen jeweils mit den beiden zusammengefaßten blauen Fäden einen rechts-linksgeknüpften (s. Skizze 4) bzw. links-rechtsgeknüpften Knoten über den schwarzen Faden legen, dann mit dem 3. und 4. Faden den zweiten Knoten legen usw. Die blauen Fäden jeweils zur Seite legen. Körper und Beine nach Plan fertigstellen. Am Schluß je eine Schlinge legen und festziehen.

❹ Für jeden Arm einen zusätzlichen blauen Faden bis zur Mitte durch den Körper ziehen (s. Skizze 5). Die Arme nach Plan knüpfen, dann mit beiden Fäden eine Schlinge legen. Gesicht mit Decorlack aufzeichnen. Zwei schwarze Fadenstücke als Haare durch den Mützenrand ziehen und auffächern.

❺ Für das Püppchen mit Haaren mit sieben Fäden (s. oben) plus einem blauen Faden in der Mitte eine Schlaufe legen, diese durch die Perle schieben. Das Püppchen knüpfen (s. Punkte 3 und 4). Die Fäden bis auf eine Schlinge als Haare kürzen.

Material

Linker Clown:

- **Perlgarn Nr. 5 in Rot 335, Gelb 302, Blau 134, Hellgrün 278, Blaugrün 189, Violett 101**

Rechter Clown:

- **Perlgarn Nr. 5 in Schwarz 403, Violett 100, Blau 134, Blaugrün 189, Smaragd 185, Hellgrün 278**

Mittlerer Clown:

- **Perlgarn Nr. 5 in Blau 148, Hellblau 433, Smaragd 187, Grün 229, Hellgrün 225, Gelb 302**

Alle Clowns:

- **Holzperle in Hellbraun (8 mm ∅)**
- **Decorlack: Rot, Schwarz, Weiß**

Band:

- **Perlgarn Nr. 5 in Smaragd 187, Blau 148**

Vorlagen

G, H

Bunte Clowns

Clowns

❶ Von unten nach oben arbeiten. Für den roten Clown einen 70 cm langen, blauen Faden, von den übrigen fünf Farben je einen 50 cm langen Faden in der Mitte fixieren und die Füße mit dem langen blauen Faden fertigen: 14 Schlingen nach rechts um die restlichen fünf Fäden legen. Das Klebeband lösen, den Knotenstrang zur Schlaufe biegen und festkleben. Die Schlaufe mit einer Schlinge (blauer Faden) über alle 11 Fäden zusammenhalten (= ein Fuß) und fest zur Schlaufe hochschieben, dabei anziehen. Mit dem blauen Faden 14 Schlingen über fünf Fäden legen, eine Schlaufe biegen und mit einer Schlinge über alle Fäden zusammenhalten. Die Füße mit Klebeband fixieren.

❷ Die Fäden ordnen und den Körper nach dem Knüpfplan (Pfeilspitze) erstellen. Die Fadenenden durch die Bohrung der Perle schieben. Zwei blaue Fäden nach 5 cm miteinander verknoten, alle anderen als Haare bis auf 7 mm kürzen und auffächern.

❸ Für jeden Arm zwei rote, 25 cm lange Fäden am Rand des Körpers (Abstand: ein Knoten) einhängen und nach Plan knüpfen, zunächst mit jedem Faden einen rechtsgeknüpften Knoten legen. Zum Schluß mit allen vier Fäden eine Schlinge legen.

❹ Den linken Clown und den Clown am Band ebenso fertigen. Die Reihenfolge der Farben in der Randspalte entspricht der Farbanordnung vom Rand zur Mitte nach dem Knüpfen der Füße mit dem jeweils längeren Faden. Der linke Clown hat schwarze Schuhe (Fadenlänge: 70 cm) und Arme in Violett, der untere hat blaue Schuhe (Fadenlänge: 70 cm) und Arme in Smaragd.

Band

Zwei 1,40 m lange Fäden (Smaragd, Blau) in der Mitte fixieren. Mit Blau 16 Schlingen nach rechts über den Faden in Smaragd legen. Das Klebeband lösen, den Strang zur Schlaufe biegen, fixieren und mit einer Schlinge über alle drei Fäden zusammenknoten. Die Fäden ordnen und das Band im Grundmuster knüpfen. Mit zwei dünnen Kordeln abschließen.

Von ganzem Herzen

Püppchen mit Herz

❶ Zwei orangefarbene, zwei gelbe und zwei rote Fäden für das eine Püppchen, zwei lilafarbene, zwei violette und zwei rote Fäden für das andere abschneiden (Länge: 60 cm). Jeweils eine Schlinge bilden, verdrehen und durch die Perle schieben. Falls die Fäden nicht fest in der Perle sitzen, über dem Kopf kurze Fäden anknoten und den Knoten in die Bohrung stopfen. Die Schlingen mit Klebeband fixieren, die Fäden ordnen und den Körper nach der Vorlage (Grundmuster) knüpfen (zur leichteren Orientierung sind die Knoten, die das Herz ergeben, eingerahmt!). Die Fäden am Ende teilen, mit beiden Fadenbündeln je eine Schlinge legen und als Fuß festziehen; Überstände abschneiden.

❷ Für jeden Arm zwei rote, ca. 20 cm lange Fäden (beim anderen Püppchen: violette) am Rand des Körpers bis zur Mitte einhängen, mit je einem rechtsgeknüpften Knoten befestigen und den Arm fertigen (s. Vorlage); dazu das Püppchen quer fixieren. Zum Schluß jeweils mit allen vier Fäden eine Schlinge legen und festziehen.

❸ Augen und Nase mit schwarzem bzw. weißem, Wangen mit rotem Decorlack aufmalen. Die Schlingen über dem Kopf bis auf eine als Haare kürzen und auffächern.

Freundschaftsband

❶ Fünf 1,80 m lange Fäden (2 x Orange, 2 x Gelb, 1 x Rot) und einen 1,90 m langen Faden in Rot abschneiden. In der Mitte fixieren und mit dem längeren roten Faden 16 Schlingen nach rechts über die fünf Fäden legen. Das umknotete Stück zur Schlaufe biegen, fixieren und mit einer Schlinge um alle elf Fäden zusammenbinden.

❷ Die Fäden ordnen und das Band nach dem Knüpfplan (Grundmuster) erstellen (die Knoten für das Herz sind im Plan eingerahmt!). Mit zwei Kordeln abschließen.

Material

Für das Püppchen in Gelb-Orange:

- **Perlgarn Nr. 5 in Orange 304, Gelb 302, Rot 47**
- **Holzperle in Rosa (10 mm ∅)**
- **Decorlack in Schwarz, Weiß, Rot**

Für das Püppchen in Violett:

- **Perlgarn Nr. 5 in Lila 98, Violett 102, Rot 333**
- **Decorlack und Holzperle wie oben**

Für das Band:

- **Perlgarn Nr. 5 in Orange 304, Gelb 302, Rot 47**

Vorlagen

I, K

Gelbe Katzen und blaue Bänder

Material

Für die Katze:

- **Perlgarn Nr. 5 in Gelb 290, Schwarz 403**
- **Holzperle in Gelb (8 oder 10 mm ∅)**
- **Decorlack in Schwarz, Weiß**

Für das Band mit Katze:

- **Perlgarn Nr. 5 in Blau 410, Hellblau 433, Weiß 1, Gelb 290, Schwarz 403**
- **Holzperle in Gelb (10 mm ∅)**
- **Decorlack in Schwarz, Weiß**

Für das Band mit Perlen:

- **Perlgarn Nr. 5 in Blau 410, Hellblau 433, Weiß 1**
- **3 Plastikperlen in Blau oder Blaugrün**

Gelbe Katze

❶ Auf die Holzperle (8 oder 10 mm) die weiße Schnauze mit Decorlack aufmalen, Nase, Augen und Ohren mit Schwarz aufsetzen. Mit fünf 80 cm langen Fäden (3 x Gelb, 2 x Schwarz) in der Mitte des Fadenbündels eine Schlaufe legen, verdrehen und durch die Perle schieben. Die ca. 10 cm langen Schlaufen über dem Kopf fixieren.

❷ Die Fäden ordnen und den Körper nach der Vorlage (Grundmuster) knüpfen. Zum Schluß mit dem linken schwarzen Faden einen Knoten über alle Fäden legen. Mit dem Rest der Fäden den Schwanz wickeln (vgl. „Das Fertigen einer Wrap-Kette“ auf Seite 5), alle 4 mm die Farbe wechseln. Am Ende mit allen Fäden eine Schlinge legen und festziehen. Zwei gelbe Fäden als Haare kürzen, den Rest zu zwei Kordeln verdrehen und miteinander verknoten.

❸ Für jedes Bein zwei schwarze Fäden (Abstand: ein Knoten) am unteren Bauch einhängen, mit je einem rechtsgeknüpften Knoten befestigen und das Bein knüpfen. Mit allen Fäden eine Schlinge legen und festziehen; Überstände abschneiden.

Band mit Katze

Die Fäden für die Katze (s. oben) durch die Perle schieben; durch die Schlaufen die drei 90 cm langen Fäden für das Band (Blau, Hellblau, Weiß) bis zur Mitte hindurchziehen. Die gelben und schwarzen Schlaufen in die Perle zurückziehen. Die Katze fertigen wie oben beschrieben. Auf den Kopf stellen, fixieren, und das Band nach dem Plan (Pfeilspitze) arbeiten, mit einer Kordel abschließen. Die Katze um 180 Grad drehen, fixieren und für die zweite Hälfte des Bandes drei 90 cm lange Fäden bis zur Mitte durch den Rand des Körpers unter dem Schwanz ziehen. Wie auf der anderen Seite fertigstellen.

Band mit Perlen

Drei 1,20 m lange Fäden (Blau, Hellblau, Weiß) in der Mitte fixieren und mit Blau 14 Schlingen nach rechts über die zwei Fäden legen. Den Strang zur Schlaufe biegen und mit einer Schlinge über alle fünf Fäden zusammenknoten. Die Fäden ordnen, das erste Teilstück nach Vorlage knüpfen und eine Perle aufschieben; drei weitere Teilstücke knüpfen, dazwischen eine Perle aufschieben. Das Band mit zwei Kordeln abschließen.

Vorlagen
L, M, N

Bärenstark

Material

Für den Bären:

- **Perlgarn Nr. 5 in Kupfer 351, Gold 307**
- **Holzperle in Braun (8 mm ∅)**
- **Decorlack in Schwarz, Weiß**
- **Lackstift in Kupfer**

Für das Bären-Band:

- **Perlgarn Nr. 5 in Rotbraun 341, Gold 307**
- **3 Holzperlen in Braun (8 mm ∅)**
- **1 Holzperle in Grün (8 mm ∅)**
- **Decorlack in Schwarz, Weiß**
- **Lackstift in Kupfer**

Vorlagen

O, P

Bär als Anhänger

1 Mit sechs 60 cm langen Fäden (4 x Kupfer, 2 x Gold) in der Mitte eine Schlaufe bilden, verdrehen und durch die Perle schieben. Die ca. 2 cm langen Schlaufen über dem Kopf mit Klebeband fixieren, die Fäden ordnen und den Bauch nach dem Knüpfplan (Grundmuster) fertigen.

2 Die Fäden teilen und die „Beine" nach den beiden (unterschiedlichen!) Vorgaben knüpfen. Dann jeweils mit allen Fäden eine Schlinge legen und festziehen.

3 Für jeden „Arm" drei kupferfarbene, 30 cm lange Fäden durch den Rand des Körpers ziehen und nach Vorlage knüpfen, dazu den Bären quer fixieren. Zum Schluß mit allen Fäden eine Schlinge legen und festziehen; Überstände abschneiden.

4 Mit weißem Decorlack Schnauze und Augen aufmalen, nach kurzer Zeit die schwarze Nase und Pupillen aufsetzen. Die Ohren mit einem Lackstift auftupfen. Die Schlingen über dem Kopf bis auf eine kürzen und die Fäden auffächern.

Bären-Band

Acht rotbraune und vier goldfarbene Fäden in einer Länge von 1,20 m an einem Ende zusammenfassen und durch eine braune Perle schieben.

Tip: Die Fadenenden dafür mit Klebstoff bestreichen und dünn ausrollen.

Die Fäden über dem Kopf sollen ca. 12 cm lang sein (= Fäden für die Kordeln). Einen Bären fertigen, wie oben beschrieben. Alle Fäden durch eine braune Perle ziehen, diese bis zu den Füßen hinaufschieben und den zweiten Bären knüpfen. Alles wiederholen, zum Schluß eine grüne Perle als Ball aufschieben. Das Band auf beiden Seiten mit zwei Kordeln abschließen.

Material

Für den gelben Käfer:

- Perlgarn Nr. 5 in Gelbgrün 279, Schwarz 403
- Holzperle in Schwarz (8 mm ∅)
- Decorlack in Schwarz, Weiß

Für den kleinen roten Käfer:

- Perlgarn Nr. 5 in Rot 335, Schwarz 403
- Holzperle in Schwarz (8 mm ∅)
- Decorlack in Schwarz, Weiß

Große und kleine Glückskäfer

Kleine Käfer

❶ Von unten nach oben fertigen. Für den roten Käfer vier schwarze und zwei rote Fäden, für den gelben Käfer vier schwarze und zwei gelbgrüne Fäden abschneiden (Länge: 60 cm) und in der Mitte fixieren. Mit dem schwarzen Faden vier Schlingen nach rechts legen. Um diesen Knotenstrang ein beliebiges Fadenstück legen, mit Klebeband fixieren; den ersten Klebestreifen nun um etwa 90 Grad nach links kleben (s. Vorlage).

❷ Die Fäden des rechten Bündels in der Reihenfolge der hinteren sechs Fäden ordnen und die ersten zwei Knüpfzeilen knüpfen. Für die dritte Zeile einen schwarzen Faden aus dem festgeklebten Fadenbündel nehmen. Nach dieser Reihe den Klebestreifen über den restlichen fünf Fäden entfernen, die Fäden ordnen und die Flügel fertigstellen.

❸ Alle Fäden durch die Perle schieben. Beim roten Käfer aus den vier roten Fäden zwei Kordeln drehen und verknoten (= Aufhängung), aus je zwei schwarzen Fäden eine kurze Kordel als Fühler erstellen. Die restlichen vier schwarzen Fäden als Haare kürzen und auffächern (beim gelben Käfer: die gelbgrünen Fäden). Für die Beine auf jeder Seite drei schwarze, kurze Fäden durch den Rand ziehen und je zwei Knoten legen; darunter mit beiden Fäden jeweils eine Schlinge bilden und festziehen. Mit Decorlack Augen und Nase aufmalen.

Großer Käfer

Den großen Käfer im Prinzip ebenso fertigen wie die kleinen. Vier schwarze und zwei rote, 40 cm lange Fäden abschneiden, für den siebten Faden je einen 25 cm langen Faden in Rot und Schwarz an einem Ende zusammenknoten oder -kleben. Die sieben Fäden in der Mitte fixieren (das Schwarz des zweifarbigen Fadens hängt nach unten) und mit einem schwarzen Faden, am besten über die Nahtstelle des zweifarbigen Fadens, sechs Schlingen nach rechts legen. Weiterarbeiten, wie bei den kleinen Käfern beschrieben. Als schwarze Punkte Indianerperlen aufziehen.

Für den großen roten Käfer:

- **Perlgarn Nr. 5 in Rot 335, Schwarz 403**
- **Holzperle in Schwarz (10 mm ∅)**
- **6 Indianerperlen in Schwarz (2,5 mm ∅)**
- **Decorlack in Schwarz, Weiß**

Vorlagen
Q, R

Frosch und Leiter

Material

Für den Frosch:
- **Perlgarn Nr. 5 in Grün 923, Hellgrün 265**
- **Holzperle in Hellgrün (8 mm ∅)**
- **2 Indianerperlen in Hellgrün (2,5 cm ∅)**
- **Decorlack in Schwarz, Grün**

Für das rote Band:
- **Perlgarn Nr. 5 in Schwarz 403, Rot 47**

Für das blaue Band:
- **Perlgarn Nr. 5 in Schwarz 403, Dunkelblau 132, Blau 410, Hellblau 433**
- **Transparent-Nähfaden**
- **Nähnadel**

Vorlagen

S, T

Frosch-Anhänger

❶ Mit vier grünen und zwei hellgrünen, 60 cm langen Fäden in der Mitte Schlingen bilden, verdrehen und durch die Holzperle schieben. Auf einen ca. 15 cm langen, grünen Faden bis zur Mitte zwei Indianerperlen aufziehen und diese durch zwei Knoten (Abstand: ca. 15 mm) einschließen. Den Faden mit den „Augen“ durch die Schlaufen ziehen (s. Vorlage) und die Fadenenden miteinander verknoten. Die Schlaufen der Knüpffäden in den Kopf zurückziehen, bis die Augen aufliegen.

❷ Die Fäden ordnen und den Körper nach der Vorlage (Grundmuster) knüpfen. Die Fäden in der Mitte teilen und die „Beine“ nach den beiden unterschiedlichen Knüpfplänen erstellen. Dabei mehrere Fäden als Ziehfaden zusammenfassen und immer einen grünen Faden auswählen, um die Knoten zu legen. Zum Abschluß für den Fuß mit zwei Fäden eine Schlinge legen und festziehen; Überstände abschneiden.

❸ Für die „Arme“ je zwei ca. 30 cm lange, grüne Fäden bis zur Mitte durch den Rand des Körpers ziehen (Abstand: ein Knoten) und nach den unterschiedlichen Knüpfplänen fertigen. Als Abschluß mit jedem der vier Fäden zwei Schlingen übereinanderlegen und festziehen; Überstände abschneiden.

❹ Mund und Nasenlöcher auf der Holzperle, Augen auf den Indianerperlen mit schwarzem, Wangen mit grünem Decorlack aufmalen. Den Frosch am besten mit einem Transparent-Nähfaden auf das Band aufnähen, die Fäden über den Augenperlen knapp über dem Knoten abschneiden.

Froschleiter-Band

Beide Bänder nach dem gleichen Knüpfplan (Grundmuster) erstellen. Die 90 cm langen Fäden etwa 12 cm von einem Ende des Fadenbündels entfernt ordnen (s. Vorlage) und mit Klebeband fixieren. Das Band auf beiden Seiten mit je zwei Kordeln abschließen.

Material

Für den Panda-Anhänger:

- **Perlgarn Nr. 5 in Schwarz 403, Weiß 1**
- **Holzperle in Weiß (10 mm ∅)**
- **Decorlack in Schwarz, Weiß**
- **wasserfester schwarzer Filzstift**

Für den Panda am Band:

- **Perlgarn Nr. 5 in Schwarz 403**
- **Holzperle in Weiß (10 mm ∅)**
- **Decorlack in Schwarz, Weiß**
- **wasserfester schwarzer Filzstift**
- **Transparent-Nähfaden**
- **Nähnadel**

Blätter-Band:

- **Perlgarn in Smaragd 185, Blaugrün 189**

Vorlagen

U, V

Pandabären

Panda-Anhänger

❶ Fünf schwarze und zwei weiße, 60 cm lange Fäden zu Schlaufen biegen, verdrehen und durch die Holzperle schieben. Die ca. 7 cm langen Schlaufen über dem Kopf fixieren, die Fäden ordnen und den Körper nach dem Knüpfplan (Grundmuster) erstellen.

❷ Für die „Beine" die Fäden teilen und beide nach den entsprechenden Knüpfplänen fertigen. Zum Schluß mit allen Fäden eines Beines eine Schlinge legen, Überstände abschneiden. Die weißen Fäden im Fuß-Knoten und bei dem kurzen Überstand mit schwarzem Filzstift einfärben.

❸ Für die „Arme" auf jeder Seite drei schwarze Fäden (Abstand: ein Knoten) durch den Rand des Körpers ziehen und nach der Vorlage fertigen. Am Ende jeweils mit allen Fäden eine Schlinge legen, den Überstand abschneiden. Mit weißem Decorlack die Schnauze auf die Perle malen, mit schwarzem große Kreise für die Augen. Nach kurzer Zeit die schwarze Nase und die weißen Kreise für die Augen aufsetzen, zuletzt die schwarzen Pupillen. Für die Ohren in zwei Schritten schwarzen Decorlack auftragen, damit sie erhaben werden.

Panda am Blätter-Band

Nur schwarze Knüpffäden verwenden, da die Beine des Pandas um das Band gebunden werden und der Rücken nicht weiß sein darf. Fertigen, wie oben beschrieben. Allerdings kann man an allen Stellen den einfachen rechtsgeknüpften Knoten legen.

Blätter-Band

❶ Vier smaragdfarbene und acht blaugrüne, 90 cm lange Fäden abschneiden. An einem Ende 12 cm für die Kordel stehenlassen, mit einem blaugrünen Faden eine Schlinge über alle Fäden legen und ein ca. 1,5 cm langes Stück mit dem blaugrünen Faden wickeln.

2 Für das Blatt mit einem smaragdfarbenem Faden 12 Schlingen nach rechts über nur drei blaugrüne Fäden legen, den Knotenstrang zum Blatt formen, mit einem der umwickelten blaugrünen Fäden ein ca. 1,5 cm langes Stück über alle Fäden wickeln, dabei das neue Wickelstück ganz an das letzte anschließen. Blätter und gewickelte Stücke abwechseln, das Band mit je einer Kordel abschließen.

Pinguine

Pinguin als Anhänger

❶ Vier schwarze und zwei weiße, 60 cm lange Fäden in der Mitte zu Schlaufen biegen, verdrehen und durch die Holzperle schieben. Die ca. 8 cm langen Schlaufen über dem Kopf fixieren.

❷ Die Fäden ordnen und den Körper nach dem Knüpfplan (Grundmuster) fertigen. Dann die Fäden teilen, jeweils mit allen Fäden eine Schlinge legen und als Fuß festziehen; Überstände abschneiden. Die sichtbaren weißen Fäden mit schwarzem Filzstift einfärben.

❸ Für jeden Flügel zwei 25 cm lange, schwarze Fäden bis zur Mitte durch den Rand ziehen (Abstand: ein Knoten). Mit den oberen beiden Fäden einen rechtsgeknüpften Knoten legen, mit einem Faden von beiden dann einen rechts- bzw. linksgeknüpften Knoten über die beiden anderen, zusammengefaßten Fäden legen. Den Flügel nach dem Knüpfplan beenden. Die Fäden 2 mm unter dem letzten Knoten abschneiden; die Enden mit Kraftkleber zu einer Spitze kleben.

❹ Augen mit weißem bzw. schwarzem, den Schnabel mit rotem Decorlack aufmalen. Aus je zwei weißen und schwarzen Fäden über dem Kopf zwei Kordeln drehen und miteinander verknoten. Vier schwarze Fäden als Federbüschel kürzen.

Wrap-Band mit Pinguin

Die Fäden für den Pinguin wie oben beschrieben durch die Holzperle schieben. Durch die Schlaufen über dem Kopf vier 1,60 m lange Fäden für das Band (2 x Blau, 1 x Smaragd, 1 x Hellblau) bis zur Mitte hindurchziehen, dann die Schlaufen der Fäden vom Pinguin in die Perle zurückziehen. Den Pinguin knüpfen. Das Band über dem Kopf wickeln, am Ende zwei kurze Kordeln drehen und miteinander verknoten. Vier ebenso lange Fäden für die zweite Hälfte des Bandes am unteren Rand des Pinguins einhängen. Am Ende zwei ca. 10 cm lange Kordeln drehen (= Armband) oder mit allen Fäden eine Schlinge legen und festziehen (= Hair-Wrap).

Material

Für den Pinguin:
- **Perlgarn Nr. 5 in Schwarz 403, Weiß 1**
- **Holzperle in Schwarz (8 mm ∅)**
- **Decorlack in Schwarz, Weiß, Rot**
- **wasserfester schwarzer Filzstift**
- **Kraftkleber**

Für das Wrap-Band:
- **Perlgarn Nr. 5 in Blau 132, Smaragd 185, Hellblau 433**

Vorlagen

W, X

Seehunde

Material

Für den Seehund:
- **Perlgarn Nr. 5 in Weiß 1, Grau 399, Blau 130**
- **Holzperle in Grau (8 mm ∅)**
- **Decorlack in Schwarz, Weiß**

Für das Wrap-Band:
- **Baumwollgarn in Violett, Schwarz, Hellblau**
- **Lederriemenverbindung mit Karabiner in Silber (2 mm ∅)**
- **Kraftkleber**

Vorlage Y

Seehund

❶ Von unten nach oben fertigen. Fünf 60 cm lange Fäden (3 x Weiß, 1 x Grau, 1 x Blau) und einen 80 cm langen, grauen Faden in der Mitte fixieren und mit dem längeren grauen Faden 14 Schlingen nach rechts über die Fäden legen. Den Knotenstrang zur Schlaufe (= Flosse) biegen, fixieren und mit einem Faden eine Schlinge über alle Fäden legen. Die Fäden dann teilen und ordnen (s. Vorlage).

❷ Mit den beiden innenliegenden, grauen Fäden je einen Knoten über alle Fäden nach außen legen. Bei der zweiten Knüpfzeile zunächst mit den beiden mittleren, grauen Fäden einen Knoten legen, dann je zwei Knoten über drei bzw. zwei zusammengefaßte Fäden nach außen. Die Fäden erneut ordnen (s. Vorlage) und den Körper nach Plan (Pfeilspitze) knüpfen. Die Fäden durch die Perle ziehen, mit je zwei Fäden zwei Kordeln drehen und miteinander verknoten. Die restlichen Fäden bis auf 2 mm kürzen.

❸ Schnauze, Nase und Augen mit Decorlack aufmalen. Für die Flossen je zwei graue, kurze Fäden durch den Rand des Körpers ziehen und je einen rechtsgeknüpften Knoten legen. Eine Schlinge mit allen vier Fäden legen und festziehen; Überstände abschneiden.

Wrap-Band

Sechs 1,20 m lange Baumwollfäden (2 x Violett, 2 x Schwarz, 2 x Hellblau) abschneiden (wenn man das Wrap-Band mit einer Kordel abschließen will, die Fäden um 20 cm verlängern). In der Mitte in einer beliebigen, am Tisch fixierten Fadenschlinge einhängen. Mit einem Faden drei Schlingen nach rechts über alle Fäden legen, dann das Band wickeln. Am Ende drei Schlingen nach rechts legen; Überstände abschneiden. Die Enden des Bandes mit Kraftkleber in Lederriemenverbindungen einkleben.

ABUS
DIE GUTEN SCHLÖSSER